ABHANDLUNGEN DER DEUTSCHEN AKADEMIE
DER WISSENSCHAFTEN ZU BERLIN

Klasse für Chemie, Geologie und Biologie
Jahrgang 1956, Nr. 2

WINFRIED und RENATE REMY

NOEGGERATHIOSTROBUS VICINALIS E. WEISS UND BEMERKUNGEN ZU ÄHNLICHEN FRUKTIFIKATIONEN

1956

AKADEMIE-VERLAG · BERLIN

(Aus der „Arbeitsstelle für Paläobotanik und Kohlenkunde“)

Vorgelegt von Hrn. NOACK in der Gesamtsitzung vom 12. April 1956
Zum Druck genehmigt am gleichen Tage, ausgegeben am 20. Oktober 1956

Erschienen im Akademie-Verlag GmbH., Berlin W 8, Mohrenstraße 39
Lizenz-Nr. 202 · 100/535/56
Satz und Druck: Druckhaus „Maxim Gorki“, Altenburg
Bestell- und Verlagsnummer: 2001/56/II/2
Preis: DM 3,20
Printed in Germany

Noeggerathiostrobus vicinalis E. WEISS und Bemerkungen zu ähnlichen Fruktifikationen

Mit 5 Tafeln und 1 Textfigur

Die Gattung *Noeggerathia* STERNBERG und damit eventuell verwandte Formen (*Discinites* K. FEISTMANTEL und *Saarodiscites* HIRMER) sind von HIRMER (1940) monographisch bearbeitet worden. Damals hat HIRMER außer den sterilen auch die fertilen Reste gesichtet und einheitlich behandelt. Besonders wichtig für die Kenntnis der Zapfen (Sporophylle) sind jedoch die Arbeiten von NĚMEJC (1928, 1935, 1937, 1941). Dennoch sind, wie HALLE 1955 gezeigt hat, für den Gesamtkomplex noch verschiedene Fragen unbeantwortet.

Noeggerathiostrobus vicinalis E. WEISS sp.

Im Rahmen unserer Arbeiten über Sporen wurden wir ursprünglich durch die Heterosporie von *Noeggerathiostrobus* O. FEISTMANTEL und *Discinites* K. FEISTMANTEL angeregt, den auf Sporen noch nicht untersuchten *Noeggerathiostrobus vicinalis* E. WEISS zu bearbeiten. Bei unserem Stück (Taf. 1, Abb. 1) handelt es sich anscheinend um das Original selbst oder um den Gegendruck des Originals zu E. WEISS, 1879 bzw. auf jeden Fall um den Gegendruck zu K. FEISTMANTEL 1879, S. 82 (vgl. Taf. I, 7 bei NĚMEJC 1928). Unser Stück stammt vom Agnes-Schacht bei Třemošna.

Soweit aus der Literatur ersichtlich, existiert bisher nach Angaben von NĚMEJC 1928, S. 57/58 und von HIRMER 1940, S. 26 überhaupt nur ein veröffentlichter Zapfen dieser Art.

Unser Zapfen ist bis auf 16 cm Länge erhalten, die größte Breite des der Länge nach aufgebrochenen Zapfens ist 4 cm. Die Sporangien (Taf. I, Abb. 1) stehen pro Sporophyll-Längsbruch zu 5—7 hintereinander (wie es auch E. WEISS 1879, S. 133 und NĚMEJC 1928, S. 5—7 angeben) und sind etwa 3 (3,5) : 2 mm groß (E. WEISS gibt 3,5 : 2 bis 4 : 2 mm an, während NĚMEJC von 3 : 1,5 mm schreibt). Die äußere Sporangienwand besteht aus länglichen Zellen.

Die Gestalt der sporangientragenden Sporophyllabschnitte ist infolge des nur als Längsbruch erhaltenen Stückes zunächst völlig unklar. NĚMEJC (1928) schreibt ausdrücklich, daß die Angaben bei K. FEISTMANTEL über die Gestalt der Sporophylle nicht bestätigt werden könnten. („S. 57. According to FEISTMANTEL those fruitscales are of an oblong shape, but without a great fantasy this feature in reality is not to be stated in the original specimen for the mentioned cone of Třemošna is broken nearly along its rhachis; thus it is possible to study all parts only in a longitudinal section.“)

HIRMER (1940, S. 26) gibt dagegen sogar genaue Maße (bis zu 4 cm breit, etwa 3 cm lang) an.

Für die Länge der radial aufgebrochenen Sporophylle gibt NĚMEJC 3 cm an, was wir mit 2,0—2,5 cm für den inneren flachen Teil und mit 1,0—1,5 cm für den z. T. recht scharf aufgebogenen Rand bestätigen können. Nach diesen Feststellungen, besonders weil auch das von NĚMEJC bzw. FEISTMANTEL abgebildete Stück — als Gegendruck zu unserem — genauso erhalten ist, kann man u. E. unmöglich die wirkliche Gattungszugehörigkeit mit Sicherheit bestimmen, was auch NĚMEJC 1928, S. 57/58 andeutet, obgleich er die vorliegende Form, wie wir später sehen werden mit Recht, zu *Noeggerathiostrobus* stellt.

Im Längsbruch sehen *Noeggerathiostrobus* und *Discinites* völlig gleich aus. Anhaltspunkte dürften in dieser Erhaltung nur die Zahl der hintereinanderstehenden Sporangien und evtl. die Ausbildung der Sporen geben. Ob die im Längsbruch erkennbare Randgestaltung zur Gattungsbestimmung dienlich ist, bleibt abzuwarten. Der uns vorliegende Rest ist nicht gerade sehr gut kohlig erhalten. Die Kohlenspuren genügten aber, um Präparate von Sporen und Kutikulenfetzen herzustellen. Die Mikrosporen von *Noeggerathiostrobus vicinalis* WEISS sind völlig glatt und hyalin (Taf. I, Abb. 2—9). Die Sporenwand muß sehr dünn sein, worauf die oft sehr starken Falten, die ganz ähnlich wie bei *Calamites*- und *Sphenophyllum*-Sporen verlaufen, deuten. Die Y-Marke ist in der Regel deutlich sichtbar. Die einzelnen Strahlen der Y-Marke messen zwischen 22,5 μ bis 35 μ. Die Größe der Sporen schwankt sehr, was aus der nachfolgenden Tabelle hervorgeht.

Sporendurchmesser:	Länge der Y-Strahlen:	Sporendurchmesser:	Länge der Y-Strahlen:
110 : 57,5 μ	22,5 μ	75 : 57,5 μ	—
90 : 55 μ	22,5 μ	67,5 : 52,5 μ	25 μ
87,5 : 80 μ	—	55 : 45 μ	—
85 : 52,5 μ	—	50 : 37,5 μ	—
80 : 65 μ	—	45 : 35 μ	20 μ
80 : 45 μ	—	35 : 27,5 μ	17,5 μ
75 : 65 μ			

Außer diesen als normal zu bezeichnenden Sporen gibt es in großer Zahl unentwickelte oder sogar degenerierte Sporen. Ein Teil von ihnen ist rundlich bis etwas dreieckig mit kleiner Y-Marke (Taf. I, Abb. 9), ein anderer Teil ist ± dreieckig und die Y-Marke geht bis in die Ecken (Taf. I, Abb. 6). Die kleinen Sporen sind in der Regel gar nicht oder wenig gefaltet. Der Faltenkranz bei den normalgroßen Sporen verläuft oft um die Y-Marke wie ein Äquator um den Pol, kann aber auch ± schräg zur Äquatorrichtung stehen (Taf. I, Abb. 3).

Die Megasporen sind ebenfalls glatt, ohne Skulptur. Wie schon die Farbe zeigt, ist die Sporenhaut dicker als bei den Mikrosporen, sie ist aber auf Grund des erheblichen Sporendurchmessers ebenfalls stark faltbar. Bei unseren Untersuchungen wurde leider nur eine intakte Megaspore von 635: 450 μ Größe gefunden (Taf. I, Abb. 10). Eine Y-Marke ist nicht sichtbar.

Da die Mikrosporen nicht, wie von uns bei einem *Noeggerathiostrobus* erwartet, granuliert sind, stellten wir uns die Frage, ob *N. vicinalis* in Wirklichkeit vielleicht eine *Discinites*-Art sei.

Es ist zunächst zu prüfen, ob und wie weit die Sporen zur Trennung der Gattungen *Noeggerathiostrobus* und *Discinites* herangezogen werden können. NĚMEJC (1941, S. 4. u. 10) nimmt an, daß bei *Noeggerathiostrobus* die Mikrosporen fein granuliert sind, während die von *Discinites* glatt seien. Diese Meinung hatten wir zunächst auch vertreten.

Wenn wir hier zunächst die Gattung *Discinites* betrachten, so sind die Sporen bei allen uns bekannten und bisher untersuchten Arten völlig glatt. Erstaunlicherweise liegen die Größenmaße der Mikrosporen in zwei Bereichen. Einmal bis etwa 90 μ und einmal größer als 90 μ (siehe Tabelle S. 5). Die Y-Marke ist übereinstimmend ausgebildet.

Es ist also mit der Möglichkeit zu rechnen, daß *Noeggerathiostrobus* durch sehr große, fein granulierte Sporen von *Discinites* mit etwas kleineren glatten Sporen zu unterscheiden ist.

Um diese Meinung zu erhärten, müßte durch neue Funde eine zweite Art von *Noeggerathiostrobus* mit fein granulierten Sporen nachgewiesen oder bei „*Noeggerathiostrobus*" *vicinalis* E. WEISS die Gestalt der sporangientragenden Sporophyllabschnitte geklärt werden.

Mikrosporen	*D.* sp. (cf. *bohemicus* K. FEISTMANTEL) 54 (33) — 90 μ	*D. hlizae* NĚMEJC 60 (33) — 97 μ	*D.* sp. 1 NĚMEJC 69 (60)—87 μ	*D.* sp. 3 NĚMEJC 56 (42)—77 μ	*D. delectus* ARNOLD 75—90 μ
Megasporen	mehr als eine Spore (? 16) 550—640 μ max. 710 μ	16 Sporen 500—650 μ max. 770 μ	? 16 Sporen 530—680 μ max. 780 μ	16 Sporen 305—506 μ	? 16 Sporen 660—750 μ

Mikrosporen	*D. major* NĚMEJC 95 — 115 μ	*D.* sp. (Zeche Friedrich-Heinrich) 85 (45) — 130 μ
Megasporen	1 Spore 1000—1300 μ	nicht bekannt

In der Hoffnung, die Gestalt der Sporophyllabschnitte zu erkunden, wurde aus dem Zapfen an der Spitze ein Stück senkrecht zur Achse herausgeschnitten und dann in 4 Stadien angeschliffen und photographiert (Taf. II, Abb. 1). Es galt festzustellen, ob die Sporophyllabschnitte als einheitliche Schale wie bei *Discinites* ausgebildet sind oder aus getrennten Abschnitten zusammengesetzt werden. Die Schliffbilder zeigen ganz deutlich, daß keine einheitliche Schale ausgebildet ist, sondern daß mindestens 2 sich ± gegenüberstehende Sporophyllabschnitte vorhanden sein müssen. Daß kein nur bei der Fossilisation beschädigter, ursprünglich einheitlicher schalenförmiger Sporophyllabschnitt vorliegt, geht besonders daraus hervor, daß die Abschnitte randlich ganz dünn werden, ehe sie enden; eine Erscheinung, die bei einem nur eingerissenen Sporophyll nicht vorkommt. Damit ist erwiesen, daß die Bestimmung *Noeggerathiostrobus vicinalis* E. WEISS zu Recht besteht. Es bleibt also die Tatsache, daß die beiden *Noeggerathiostrobus*-Arten in der Art der Sporen sehr verschieden sind. Später gelang es außerdem, ein kleines Stück eines Sporophyllabschnittes in der angeschliffenen Spitzenregion des Zapfens freizupräparieren, so daß man auf das Sporophyll von oben heraufsieht. Aus der lockeren Stellung der Insertionspunkte bzw. der Abdrücke der Sporangien geht ebenfalls die Richtigkeit der Stellung dieses Zapfens bei *Noeggerathiostrobus* hervor.

Um die eingangs angeschnittenen Probleme um die gattungsmäßige Einordnung an Hand der Sporen näher prüfen zu können, wurde von uns das im folgenden beschriebene Material aus der Sammlung der Arbeitsstelle für Paläobotanik und Kohlenkunde der Deutschen Akademie der Wissenschaften untersucht.

Noeggerathiostrobus bohemicus O. FEISTMANTEL

Von *Noeggerathiostrobus bohemicus* O. FEISTMANTEL sind durch die Arbeiten von F. NĚMEJC 1928 und 1935 an böhmischem Material sowohl Mega- als auch Mikrosporen und Kutikulenfetzen bekannt. Die Mikrosporen sind granuliert.

Von uns wurde Material aus Oberschlesien, von der Robert-Grube b. Jaworzno aus dem oberen Westfal B (Lazisker Schichten) mazeriert. Es handelt sich um 4 Zapfen von im Durchschnitt etwa 2 cm Breite, von denen einer auf etwa 15 cm und drei auf etwa 12 cm Länge erhalten sind. Die Zapfen sind leider äußerlich sehr schlecht erhalten und zunächst keinesfalls sicher als *Noeggerathiostrobus bohemicus* O. FEISTMANTEL zu bestimmen (Taf. II, Abb. 4). Es liegen aber in großer Menge einwandfreie Laubwedel von *Noeggerathia foliosa* STERNBERG dabei (Taf. II, Abb. 5), so daß entsprechend der von NĚMEJC und HIRMER aufgestellten Meinung der Zusammengehörigkeit letzterer mit *Noeggerathiostrobus bohemicus* O. FEISTMANTEL, unsere Zapfenreste dorthin zu stellen sind. Die Sporenfunde geben dem Recht.

Um die Größenmaße zu veranschaulichen, geben wir die folgende Tabelle:

Sporendurchmesser:	Länge der Y-Strahlen:	Sporendurchmesser:	Länge der Y-Strahlen:
157 : 132 μ	29 : 41 : 43 μ	128 : 107 μ	—
145 : 112 μ	27 : 25 : 25 μ	124 : 114 μ	—
140 : 124 μ	—	120 : 91 μ	41/27 μ
136 : 124 μ	41 : 37 : 25 μ	118 : 85 μ	—
136 : 81 μ	33 : 35 μ	116 : 107 μ	—
130 : 128 μ	—	116 : 93 μ	—
130 : 103 μ	—	99 : 17 μ	—

Da von NĚMEJC 1928 und auch von HALLE 1955 für die Mikrosporen von *Noeggerathiostrobus bohemicus* O. FEISTMANTEL Größen von 90—130 μ angegeben werden, liegen die Größenwerte im gleichen Bereich. Sie scheinen aber bei unserem Material noch stärker zu schwanken. Die einzige von uns gefundene Megaspore ist stark zerrissen, läßt die Y-Marke nicht mehr erkennen und ist völlig glatt. Der Durchmesser dieses Bruchstückes ist 660/375 μ (Taf. III, Abb. 8).

Die Mikrosporen sind wie bekannt (NĚMEJC 1928) fein granuliert. Die Grana sind nur 0,75—1 μ groß und stehen so dicht, daß kein Element gleicher Ordnung dazwischen Platz findet. Oft gehen zwei bis vier grobe Falten ohne Beziehung zu einer Äquatorlinie um den Sporenkörper (Taf. III, Abb. 1, 6). Bei nicht oder nur wenig verfalteten Exemplaren ist die Y-Marke klar zu erkennen (Taf. II, Abb. 6, 7). Die einzelnen Strahlen sind meist mehr oder weniger gleich lang und haben die Länge von etwa $^1/_4$ des Sporendurchmessers. Die reifen Sporen haben Kugelform (Taf. II, Abb. 6, 7; Taf. III, Abb. 1, 2, 6), während unreife bzw. degenerierte Sporen abgerundet dreieckig bis völlig dreieckig sind. Bei einem Teil dieser un- oder unterentwickelten Sporen nimmt die Y-Marke den ganzen Durchmesser ein (Taf. III, Abb. 3, 4, 5).

Da bei unserem Material infolge des Erhaltungszustandes über die Stellung und Anzahl der hintereinanderstehenden Sporangien nichts zu sagen ist, müssen wir uns an die von NĚMEJC (1928 und 1935) mitgeteilten Angaben halten. Es zeigt sich, daß bei *Noeggerathiostrobus bohemicus* O. FEISTMANTEL nur verhältnismäßig wenig (2—3) Sporangien hintereinander stehen. Im Gegensatz dazu stehen bei den bisher bekannt gewordenen *Discinites*-Arten immer (?) mehr Sporangien pro Sporophyll hintereinander.

Discinites sp. (cf. *bohemicus* K. FEISTMANTEL)

Das vorliegende Stück hat E. WEISS 1874 von Herrn KOLB aus dem Zwischenmittel von Třemošna b. Pilsen erhalten.

Der Zapfen ist nur zu einem Teil erhalten, es fehlen Spitze und Basis. Dazuzurechnende sterile Reste sind nicht gefunden worden. Der ganze Zapfen ist in der Ebene der Rhachis der Länge nach aufgebrochen, daher sind die mit Sporangien bedeckten Sporophyllabschnitte nicht in ihrem Umriß zu erkennen. Man kann nur feststellen, daß die Sporophylle im Längsbruch gesehen etwa in einem Winkel von 40° von der Rhachis abgehen und dort, wo die Besetzung mit Sporangien endet, sehr stark aufgebogen sind, so daß die Enden fast der Achse parallel verlaufen. Der flache Teil ist etwa 1,8 cm lang, während auf den Rand 0,6 cm kommen. Die sporangientragenden Sporophyllabschnitte sind sehr dicht mit Sporangien bedeckt. Im Längsbruch sind 8—9 Sporangien zu erkennen. Auf 5 cm Länge des Zapfens kommen etwa 14 Wirtel. K. FEISTMANTEL (1879/1880, S. 299) gibt bei seinem Stück für 10 cm 25 Wirtel an.

Der Zapfen mißt im Querschnitt etwa 2,5 cm, er ist auf 7,5 cm Länge erhalten. Die Sporangien messen 2,5 : 2 mm, sie sind eiförmig bis elliptisch und mit feinem Zellmosaik (Taf. IV, Abb. 3) bedeckt. Am proximalen Ende sind sie zu einem schmalen Hals abgeschnürt. Bei einigen Sporangien trägt der apikale Pol eine ± aufgesetzte Spitze (n. NĚMEJC sollen es die Megasporangien sein).

Die Mikrosporen dieser Art sind wie bei allen bisher untersuchten *Discinites*-Arten glatt (Taf. IV, Abb. 4—9; Taf. V, Abb. 3—6). Die Maße sind wie folgt:

Sporendurchmesser:	Länge der Y-Strahlen:	Sporendurchmesser:	Länge der Y-Strahlen:
90 : 70 μ	—	73 : 62 μ	—
90 : 62 μ	—	72 : 58 μ	—
83 : 78 μ	—	68 : 60 μ	—
83 : 66 μ	21 : 21 : 17 μ	66 : 58 μ	27 : 21 : 12 μ
80 : 74 μ	—	63 : 33 μ	—
80 : 58 μ	—	62 : 54 μ	—
78 : 66 μ	29 : 21 : 12 μ	45 : 37 μ	19 : 16 : 8 μ

Außer diesen völlig glatten, normal großen Mikrosporen sind sehr zahlreich unterentwickelte oder degenerierte Sporen vorhanden, deren Maße wie folgt sind:

Sporendurchmesser:	Länge der Y-Strahlen:
41 : 31 μ	21 : 12 : 8 μ
33 : 29 μ	19 : 14 : 8 μ
33 : 25 μ	14 : 12 : 6 μ
31 : 27 μ	14 : 12 : 8 μ
29 : 23 μ	19 : 17 : 10 μ
25 : 23 μ	21 : 12 : 8 μ

Die Mikrosporen sind somit wesentlich kleiner als die von *Discinites major*, für die NĚMEJC (1937) 95—115 μ angibt. Megasporen wurden zu mehreren (3 Stück) gefunden. Sie sind sehr dünnhäutig und durchsichtig, was auf den Abb. 1 und 2, Taf. V gut zu erkennen ist.

Die Größenmaße sind wie folgt:

710/610 μ
640/550 μ
600/580 μ

Bisher sind unseres Wissens von *Discinites bohemicus* K. FEISTMANTEL noch nie Sporen abgebildet und beschrieben worden, so daß hiermit, falls es sich wirklich um *D. bohemicus* handelt, eine Lücke geschlossen wird.

Da von *Discinites* K. FEISTMANTEL keine Angaben über die Dehiszenz gemacht werden und von NĚMEJC 1937 und HIRMER 1940 die Annahme vertreten wird, daß bei *Discinites* und auch *Noeggerathiostrobus* die Sporangien samt Inhalt abfielen und die Sporen erst nach Verfaulen der Sporangienwand frei wurden, sei hier eine andere Beobachtung mitgeteilt.

Bei dem von uns untersuchten Stück ist an mehreren Sporangien wie auf Taf. IV, Abb. 3 zu sehen, eine Längsfurche bzw. Einfaltung zu erkennen. Da diese Falte nicht nur bei einem, sondern bei mehreren der sonst sehr gut plastisch und unverfaltet erhaltenen und nicht übermäßig gequetschten Sporangien zu sehen ist, kann es sich unseres Erachtens nur um eine in Zusammenhang mit der Dehiszenz stehende Falte handeln. Die Falte ist übrigens, wie an einer Stelle an mehreren nebeneinanderliegenden Sporangien gut zu sehen ist, stets auf derselben Seite gelegen. Irgendwelche abweichenden Zellbildungen in der Nähe dieser Falte sind jedoch nicht zu erkennen. Die Zellen der Sporangienwand sind sehr langgestreckt.

Abb. 1. Mikrosporangium von *Discinites* sp. (cf. *bohemicus* K. Feistmantel). Man erkennt die Längsriefe, die von uns als Dehiszenz gedeutet wird (Vergr. 22,5fach, vgl. Tafel IV, Abb. 3). Zeichnung von Herrn K. H. Haupt

Diese Beobachtung deckt sich übrigens mit der schon 1878 (S. 333) von D. Stur erfolgten Mitteilung für *Noeggerathia foliosa*, die hier wörtlich zitiert sei: ,,Für mich ist speziell die Ähnlichkeit mit dem Sporangium von *Helminthostachys* deswegen eine größere, als ich in den Hohldrücken, die diese Körper in den Fruchtblättern zurücklassen, mehrfach einen vertikalen Riß abgedrückt bemerke, der etwa als der Riß des reifen Sporangiums der *N. foliosa* zu gelten hätte.“

Auch K. Feistmantel (1879, S. 79 Mitte) berichtet über Beobachtungen an *Noeggerathia foliosa*: ,,Was die Früchte selbst anbelangt, so habe ich diese immer und überall von fast gleicher Größe beobachtet, mit glatter Oberfläche, hie und da mit der Andeutung einer schwachen Naht an ihrer Peripherie, und an einigen mit einem sie der Länge nach durchsetzenden scheinbaren Spalt.“

Discinites sp. (Zeche Friedrich-Heinrich)

Nachdem durch Hirmer 1940 von Holländisch-Limburg aus dem obersten Teil des Unteren Westfal B ein *Discinites* als *D. jongmansi* Hirmer bekanntgemacht worden ist, soll als Ergänzung der unseres Wissens erste Nachweis dieser Gattung aus dem rheinisch-westfälischen Karbon mitgeteilt werden. Das uns vorliegende Stück ist nur sehr fragmentarisch erhalten; es wurde von uns im Jahre 1953 auf der Zeche Friedrich-Heinrich, Flöz Hermann-Gustav, Ob. Westfal A gefunden. Das Zapfenbruchstück ist 4,8 cm lang, 1,8 cm breit und der Länge nach zusammengepreßt (Taf. V, Abb. 7). Die Ränder der Sporophyllschalen sind schlecht zu erkennen, scheinen aber mit Randfransen versehen zu sein. Sonst ist über den Bau des Zapfens nur noch zu sagen, daß die die Achse umgreifenden sporangientragenden Sporophyllabschnitte an einigen Stellen wie ein Fächer hochgeklappt sind. Erfreulicherweise ist die Kohlenschicht noch mazerierbar. Die Sporen sind glatt, sehr dünnwandig und stark verfaltet (Taf. V, Abb. 8—14). Die Y-Marke ist stets vorhanden, aber infolge der Falten oft schlecht zu erkennen. Die Größe der Mikrosporen schwankt bei diesem Stück erheblich; auffällig unterentwickelte oder degenerierte Sporen sind dagegen selten. Zur Orientierung diene die folgende Tabelle der Mikrosporengrößen.

Sporendurchmesser:	Länge der Y-Strahlen:	Sporendurchmesser:	Länge der Y-Strahlen:
130 : 110 μ	20 μ	95 : 80 μ	—
125 : 105 μ	—	90 : 80 μ	20 μ
122,5 : 90 μ	—	97,5 : 47,5 μ	—
110 : 100 μ	—	77,5 : 55 μ	—
110 : 85 μ	—	70 : 60 μ	—
105 : 95 μ	—	60 : 45 μ	—
105 : 95 μ	20 μ		

Megasporen wurden bei unserem Stück nicht einwandfrei nachgewiesen. Obwohl die Ausbildung der Randpartie und die Größe der Sporangien nicht feststellbar ist, kann unser Stück mit Sicherheit der Gattung *Discinites* K. Feistmantel zugeordnet werden; eine Art-Bestimmung muß jedoch unterbleiben, so daß wir das Stück als *Discinites* sp. bezeichnen.

Schlußfolgerungen

Nach den im vorhergehenden angeführten Einzelheiten scheint es so, als ob bei der Gattung *Discinites* K. Feistmantel nur glatte Mikro- und Megasporen vorkommen, uns sind bisher jedenfalls keine gegenteiligen Befunde bekannt. Die Größe der Mikrosporen der bisher auf Sporen untersuchten 7 *Discinites*-Arten geht aus der Aufstellung auf S. 5 zur Genüge hervor. Es sei hierbei nochmals darauf hingewiesen, daß bei den Mikrosporen zwei Größenbereiche zu erkennen sind. Bei *Discinites* sp. (cf. *bohemicus* K. Feistmantel), *D. hlizae* Němejc, *D.* sp. 1 Němejc, *D.* sp. 3 Němejc u. *D. delectus* Arnold sind die Mikrosporen bis 90 μ (maximal 97 μ gemessen) groß. Bei *Discinites major* Němejc und *D.* sp. (Zeche Friedrich-Heinrich) sind dagegen maximal bis 130 μ gemessen worden, während die niedrigsten Werte dieser beiden Arten, sofern nicht degenerierte oder unreife Sporen gemessen wurden, bei 85 bzw. 95 μ liegen.

Die von Němejc (1941, S. 2 und 10) mitgeteilte Tatsache, daß bei *Discinites major* Němejc pro Makrosporangium nur eine Megaspore gefunden wurde, während bei den anderen Arten jeweils 16 Megasporen gebildet werden, kann in dieser Richtung von besonderem Interesse sein. Němejc (1941) sagt auf Grund seines Befundes: „Den Makrosporen-Verhältnissen nach können wir die böhmischen Disciniten-Zapfen in zwei Gruppen zerteilen.“ Die von uns angeführte Größentabelle der Mikrosporen, die ebenfalls zwei Gruppen erkennen läßt, scheint das zu bestätigen. Es bedarf aber, ehe weitere Schlüsse gezogen werden können, noch weiterer Untersuchungen an einem möglichst großen Material.

Bei *Discinites* sp. (cf. *bohemicus* K. Feistmantel) konnten, obwohl mindestens 30 einzelne Sporangien mazeriert wurden — darunter auch ein Sporangium mit deutlich aufgesetzter Spitze —, nur bei einer einzigen Mazeration 3 Megasporen nachgewiesen werden.

Zur Frage der Randausbildung der *Discinites*-Sporophylle können wir keine neuen Beobachtungen bringen. Dagegen scheint es uns so gut wie sicher, daß die Sporangien zumindest bei der Gattung *Discinites* eine Dehiszenz in Gestalt eines Längsspaltes ausbilden.

Von *Noeggerathiostrobus* kannte man bisher nur die Sporen der Art *N. bohemicus* O. Feistmantel. Bei dieser Art sind die Mikrosporen granuliert. Es schien demnach recht einfach, auf Grund der Mikrosporen die Gattungen *Discinites* und *Noeggerathiostrobus* auseinanderzuhalten. Mit dieser Theorie gingen wir zunächst an diese Arbeit und stellten fest, daß sie auch von Němejc (1951, S. 4 und 10) vertreten wird.

Nach den Untersuchungen an *Noeggerathiostrobus vicinalis* Weiss sind wir zunächst anderer Meinung. Diese Art hat glatte Sporen, die z. T. noch im Sporangiengewebe zu mehreren zusammen gefunden wurden, so daß es keinesfalls Fremdsporen sein können. An Fremdsporen wurden nur 2 monosaccate und 1 reticulate Spore gefunden. Die Sporen von *N. vicinalis* sind völlig glatt, was für eine Zugehörigkeit zu *Discinites* spricht. Alle anderen morphologischen Eigenschaften deuten aber auf *Noeggerathiostrobus*. Vorläufig dürfen wir als Übersicht folgende Gruppierungen und Unterteilung der Gattungen *Noeggerathiostrobus* und *Discinites* geben.

Noeggerathiostrobus:	*Discinites*:
Sporophylle frei, Achsenstruktur?	Sporophylle zu Schalen verschmolzen, Achsenstruktur?
Sporangien stets ± locker gestellt	Sporangien ± sehr dicht gestellt
1. Typ: Mikrosporen granuliert	1. Typ: Megasporen einzeln pro Sporangium/ Mikrosporen bis über 110 μ groß
2. Typ: Mikrosporen glatt	2. Typ: Megasporen zu je 16 pro Sporangium/ Mikrosporen bis etwa 90 μ groß

Von der Gattung *Saarodiscites* Hirmer fehlen bisher Sporenuntersuchungen.

Interessant wäre es, zu wissen, wie sich die Laubtypen, über die NĚMEJC 1941 verschiedenes Neue bringt, zu der oben gegebenen Unterteilung der Gattungen *Noeggerathiostrobus* und *Discinites* verhalten. Sehr wichtig wären Funde, die die Untersuchung der Anatomie der Achsen sowohl bei den Zapfen wie bei den Wedeln erlauben. Hier wäre u. E. noch ein wichtiger Beitrag zur Systematik zu erwarten.

Wenn auch zunächst das Ergebnis der Sporenfunde bei der Gattung *Noeggerathiostrobus* etwas irritieren kann und man geneigt sein könnte, anzunehmen, daß die Sporen keinerlei Anhaltspunkte über die Gattungszugehörigkeit geben, so ist zwar daran zu erinnern, daß wir ganz ähnliche Ergebnisse bei den Sphenophyllen hatten, da die Grundlagen für derartige recht neue Untersuchungen erst zu schaffen sind. Bei *Noeggerathiostrobus* werden uns die Untersuchungen über die dazugehörenden Laubreste, evtl. Achsenstruktur und Ausbildung der Megasporen, noch weitere Fingerzeige geben. Bei den Sphenophyllen wird es ebenfalls nötig sein, ein wesentlich größeres Material zur Untersuchung heranzuziehen als es bei W. REMY (1955) geschehen ist.

Nachdem es früher so schien, als ob die Gattungen *Noeggerathiostrobus* und *Discinites* (einschl. *Saarodiscites*) nur im limnischen Karbon vorkämen, hat schon die Arbeit von HIRMER (1940) gezeigt, daß zumindest *Discinites* auch im Aachener Karbon, also einem paralischen Becken, vorkommt. Inzwischen haben aber unser Fund im rheinisch-westfälischen Karbon und die Funde in Nordamerika gezeigt, daß jedenfalls die Gattung *Discinites* wesentlich weiter verbreitet ist. Die von W. REMY (1955, S. 34) noch angezweifelte Art *Discinites delectus* ARNOLD ist auf jeden Fall mit Recht zur Gattung *Discinites* gestellt worden, wovon wir uns nach der Durchsicht und der eingehenden Untersuchung der uns zur Verfügung stehenden *Discinites*-Reste überzeugt haben. Auch MAMAY (1954) beschreibt aus Nordamerika (Texas) einen *Discinites* sp.

Was die stratigraphische Verbreitung der Gattung *Discinites* betrifft, so kennen wir *Discinites*-Arten vom höchsten Westfal A (*Discinites* sp. von Zeche Friedrich-Heinrich) bis zum unteren Rotliegenden (*Discinites* sp. aus Texas, bei MAMAY).

Zusammenfassung

Die Sporen von *Noeggerathiostrobus vicinalis* WEISS werden beschrieben. Da diese glatt sind, tauchen Zweifel an der Zugehörigkeit der Art *N. vicinalis* zur Gattung *Noeggerathiostrobus* auf. Anschliffe zeigen, daß die Sporophylle nicht zu einer Schale verwachsen sind, so daß die Stellung dieser Art zu *Noeggerathiostrobus* in der augenblicklichen Fassung gesichert ist. Weiter wurden die Sporen von *Noeggerathiostrobus bohemicus* O. FEISTMANTEL aus Oberschlesien, von einem *Discinites* sp. (cf. *bohemicus* K. FEISTMANTEL) aus Böhmen und von einem *Discinites* sp. aus dem Ruhrkarbon untersucht und beschrieben.

Literaturverzeichnis

ARNOLD, C. A., A heterosporus species of *Bowmanites* from the Michigan coal basin. — American Journ. of Bot., **31**, 8, 1944, 466—469.

ARNOLD, C. A., Fossil flora of the Michigan coal basin. — Contrib. Mus. Paleontol. Univ. Michigan **7**, 1949, 131—269.

FEISTMANTEL, CARL, Über die Nöggerathien und deren Verbreitung in der böhmischen Steinkohlenformation. — Sitz. Ber. d. Kgl. Böhm. Ges. d. Wiss. in Prag, Jahrg. 1879, Prag 1880, S. 75—88.

HALLE, T. G., Notes on the Noeggerathiineae. — Sv. bot. Tidskr. **48**, 368—380, 1954.

HIRMER, M., Noeggerathiineae. In: Die Karbon-Flora des Saargebietes, Abt. 3, Lief. 1, Stuttgart 1940, S. 1—44.

MAMAY, SERGIUS, H., A Permian *Discinites* cone. — Journ. of the Washington Acad. of Scienc., Vol. 44, Nr. 1, 1954, S. 7—11.

NĚMEJC, F., A revision of the carboniferous and permian flora of the coaldistricts in Central Bohemia. — Palaeontographica Bohemiae Nr. XII, Prag 1928.

NĚMEJC, F., Notes on the spores and leaf cuticles of *Noeggerathia foliosa Stbg.* — Bull. Int. Acad. Scienc. de Bohême 1935.

NĚMEJC, F., On *Discinites* K. FEISTMANTEL. — Bul. Int. Acad. des Scienc. Bohême, Prag 1937, S. 1—7.

REMY, WINFRIED, Untersuchungen von kohlig erhaltenen fertilen und sterilen Sphenophyllen und Formen unsicherer systematischer Stellung. — Abh. d. Dt. Akad. d. Wissensch. zu Berlin, Kl. f. Chemie, Geol. u. Biol., Jahrg. 1955, Nr. 1, Berlin 1955, 5—40.

STUR, D., Zur Kenntnis der Fructifikation der *Noeggerathia foliosa Stbg.* aus den Radnitzer Schichten des oberen Carbon in Mittel-Böhmen. — Verh. k. k. geol. Reichsanstalt Nr. 15, Wien 1878.

WEISS, E., Bemerkungen zur Fructification von *Nöggerathia.* — Zeitschr. d. Dt. Geol. Ges., XXXI, Berlin 1879, S. 111—116.

Tafelerklärungen

Die Mikrophotos wurden von W. REMY, alle übrigen Photos von Herrn K. H. HAUPT angefertigt.

Tafel I

Abb. 1—10. *Noeggerathiostrobus vicinalis* E. WEISS
Abb. 1. Zapfen, nat. Gr.
Abb. 2—9. Mikrosporen, 500fach vergr.
Abb. 10. Makrospore, 100fach vergr.

Tafel II

Abb. 1—3. *Noeggerathiostrobus vicinalis* E. WEISS
Abb. 1. Querschliff durch den Zapfen, Spitzenregion, 4,5fach vergr.
Abb. 2. Sporophyllstück mit den von den Sporangien herrührenden Narben
Abb. 3. Sporenmasse etwa 250fach vergr.
Abb. 4—7. *Noeggerathiostrobus bohemicus* O. FEISTMANTEL
Abb. 4. Zapfen, nat. Gr.
Abb. 5. Wedelstück, nat. Gr.
Abb. 6—7. Mikrosporen, 500fach vergr.

Tafel III

Abb. 1—8. *Noeggerathiostrobus bohemicus* O. FEISTMANTEL
Abb. 1—6. Mikrosporen, 500fach vergr.
Abb. 7. Mikrosporen, 250fach vergr.
Abb. 8. Makrospore, 100fach vergr.

Tafel IV

Abb. 1—9. *Discinites* sp. (cf. *bohemicus* K. FEISTMANTEL)
Abb. 1. Zapfen, nat. Gr.
Abb. 2. Zapfenausschnitt, etwa 4,5fach vergr.
Abb. 3. Mikrosporangium, etwa 45fach vergr.
Abb. 4—9. Mikrosporen, 500fach vergr.

Tafel V

Abb. 1—6. *Discinites* sp. (cf. *bohemicus* K. FEISTMANTEL)
Abb. 1—2. Makrosporen, 100fach vergr.
Abb. 3—6. Mikrosporen, 500fach vergr.
Abb. 7—14. *Discinites* sp. (Zeche Friedrich Heinrich)
Abb. 7. Zapfen, nat. Gr.
Abb. 8—14. Mikrosporen, 500fach vergr.

TAFELN 1 – 5

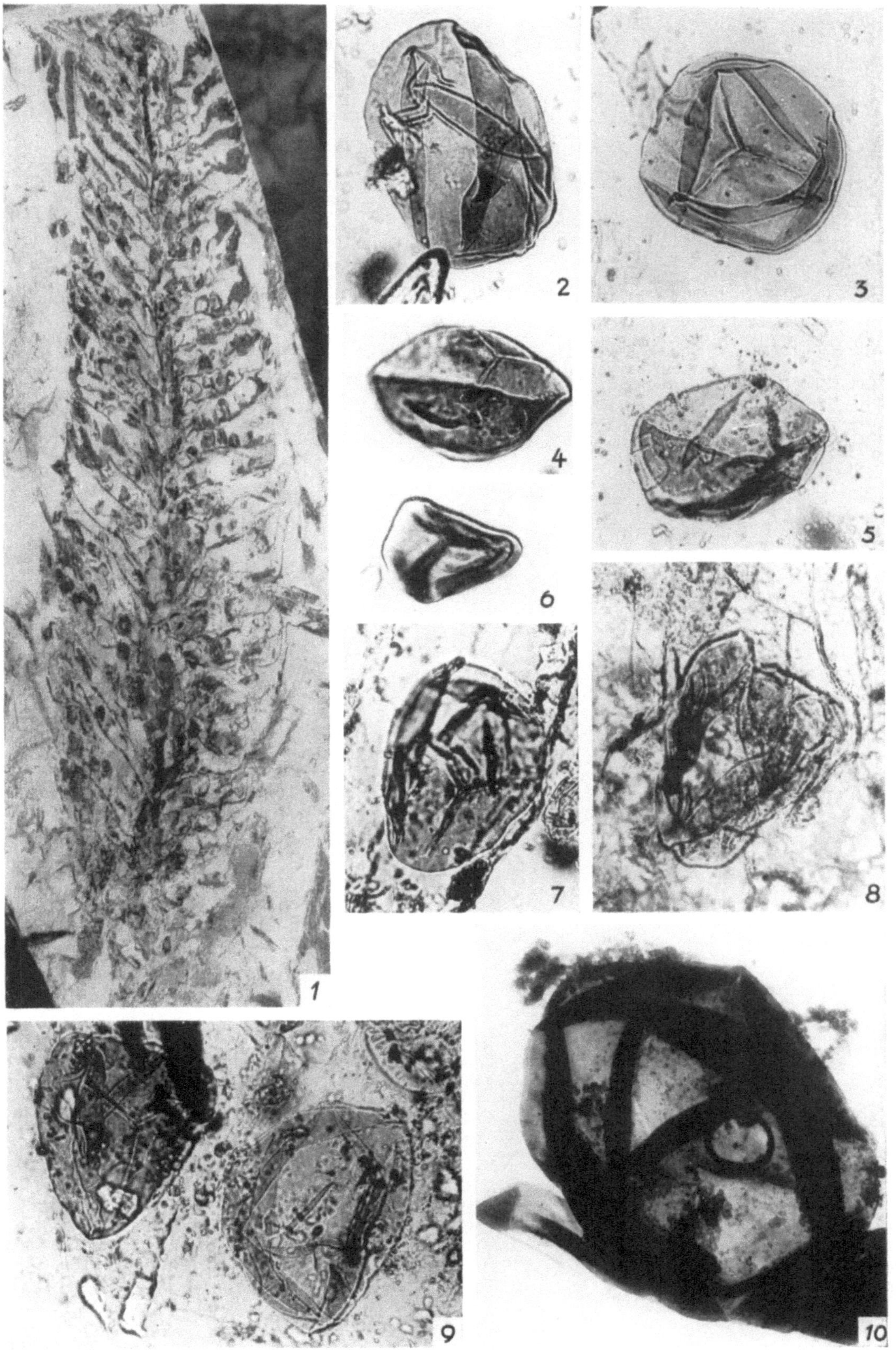
1
2
3
4
5
6
7
8
9
10

TAFEL II

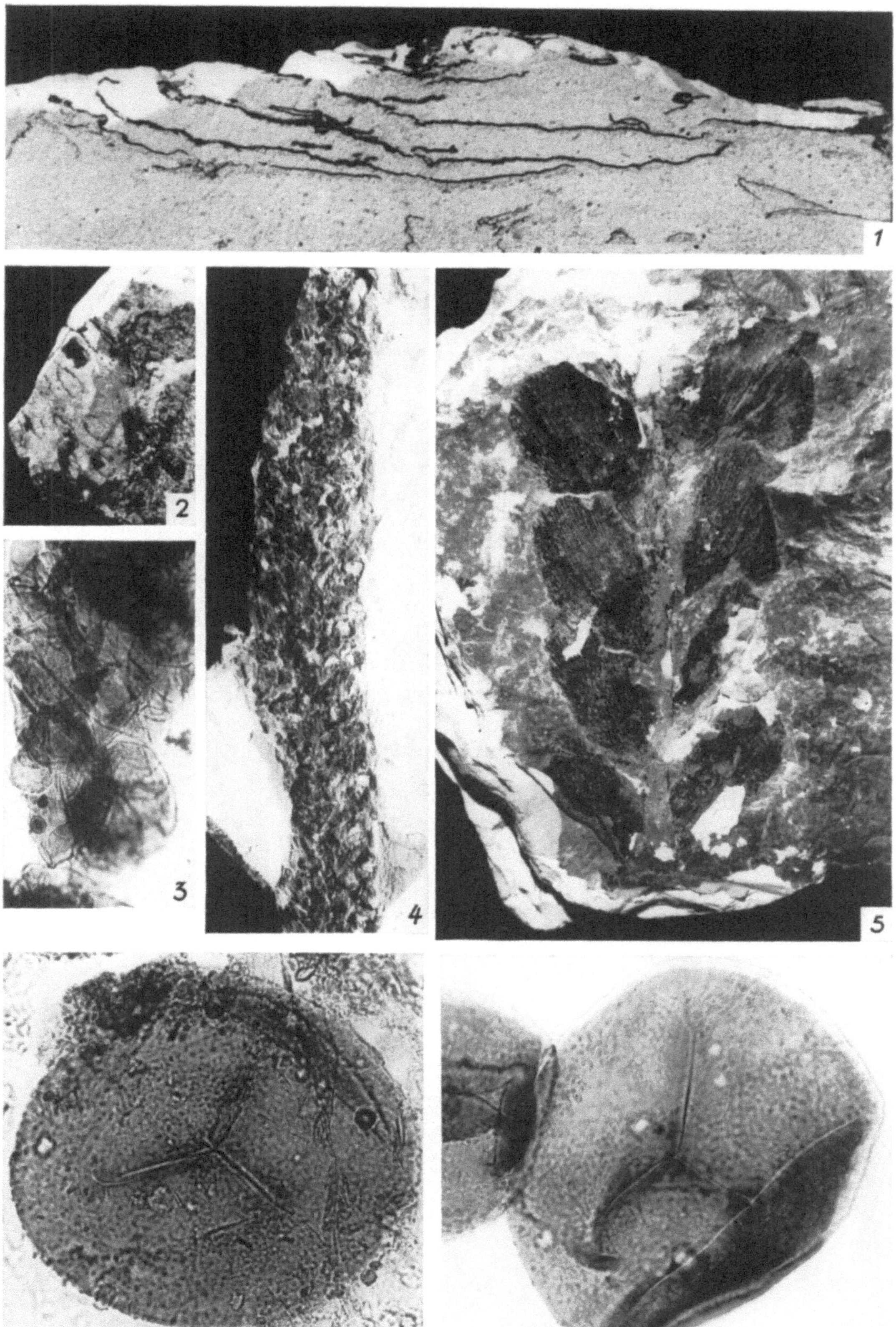

TAFEL III

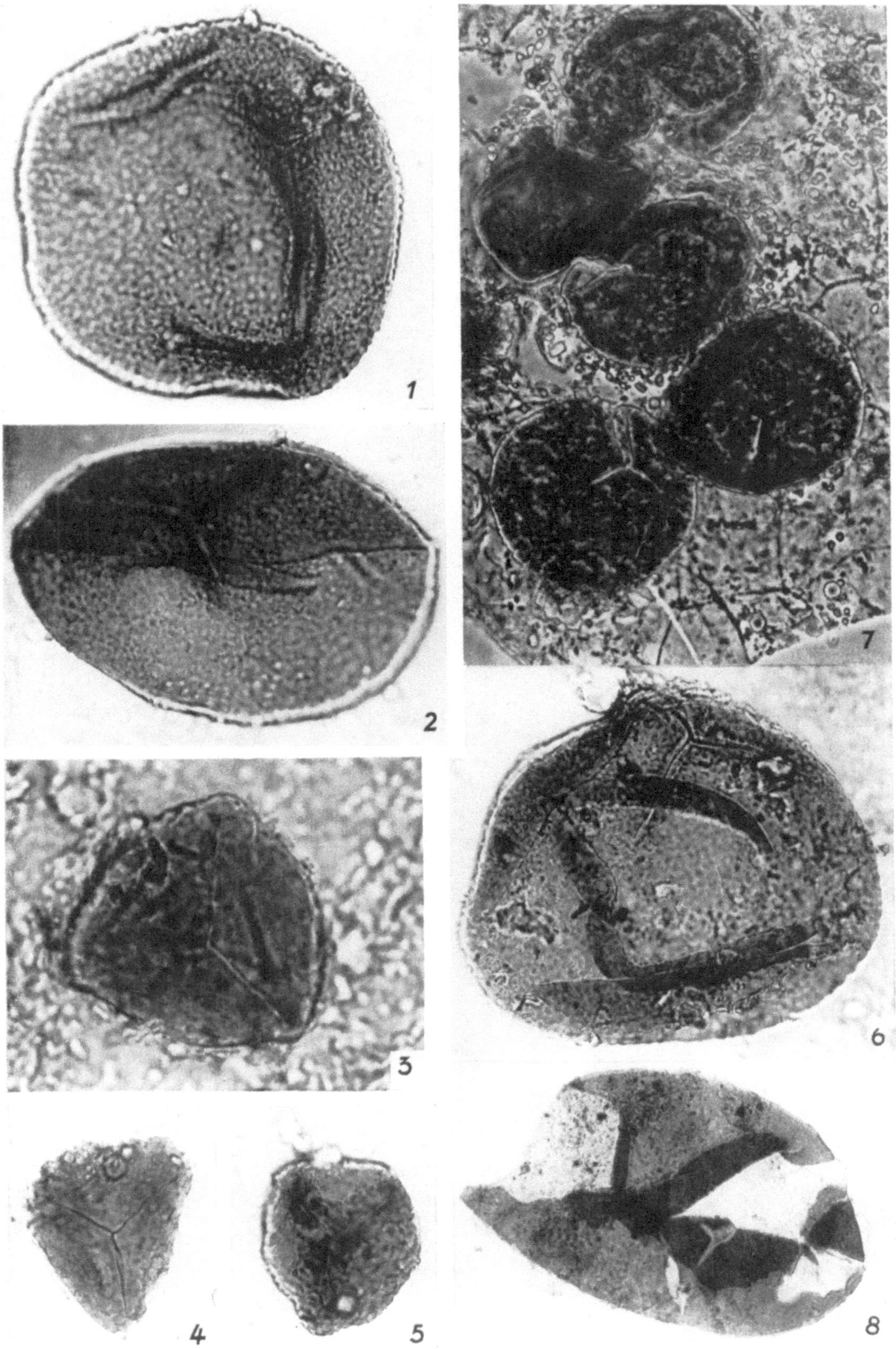

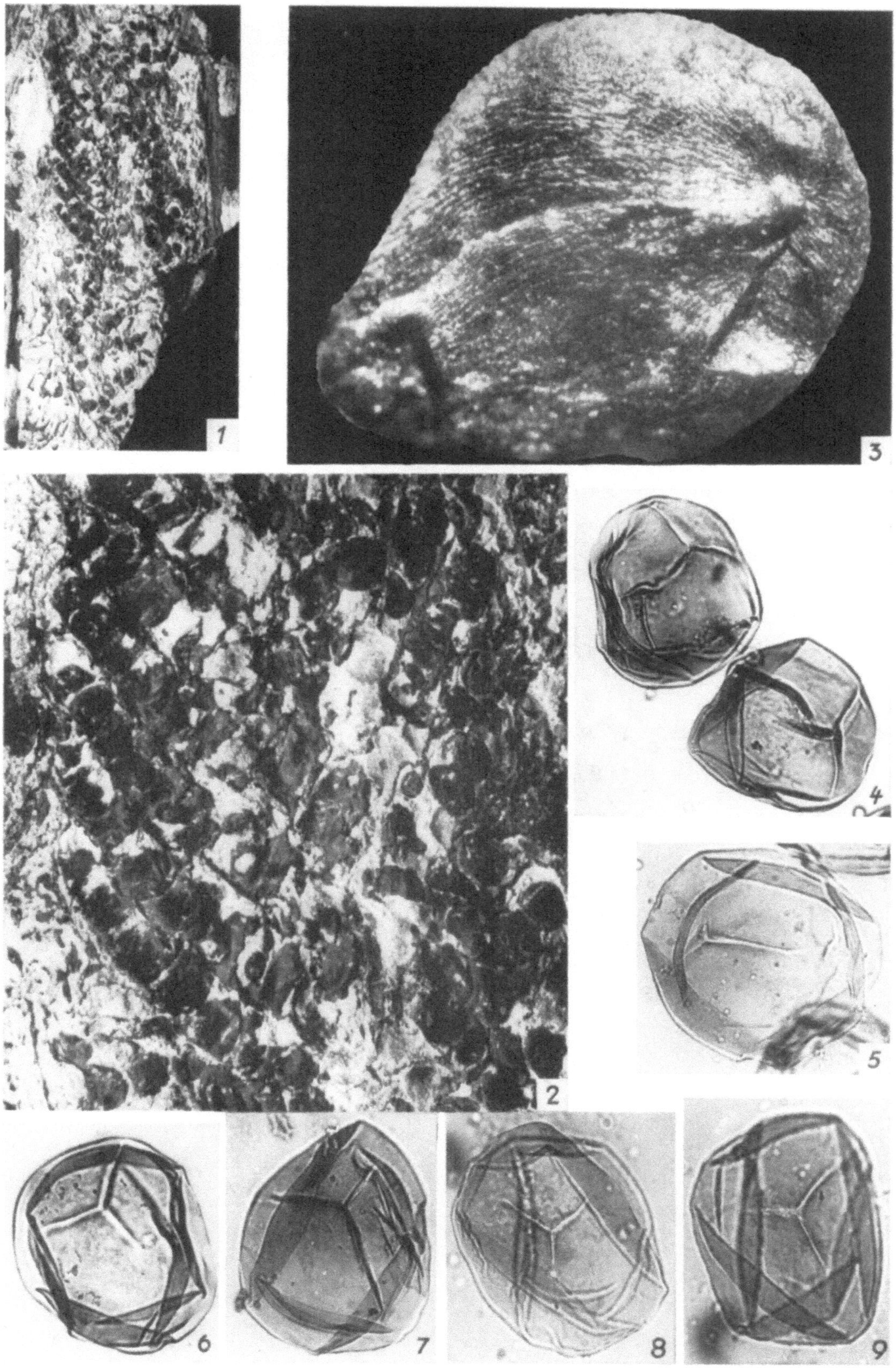
1
3
2
4
5
6
7
8
9

TAFEL V

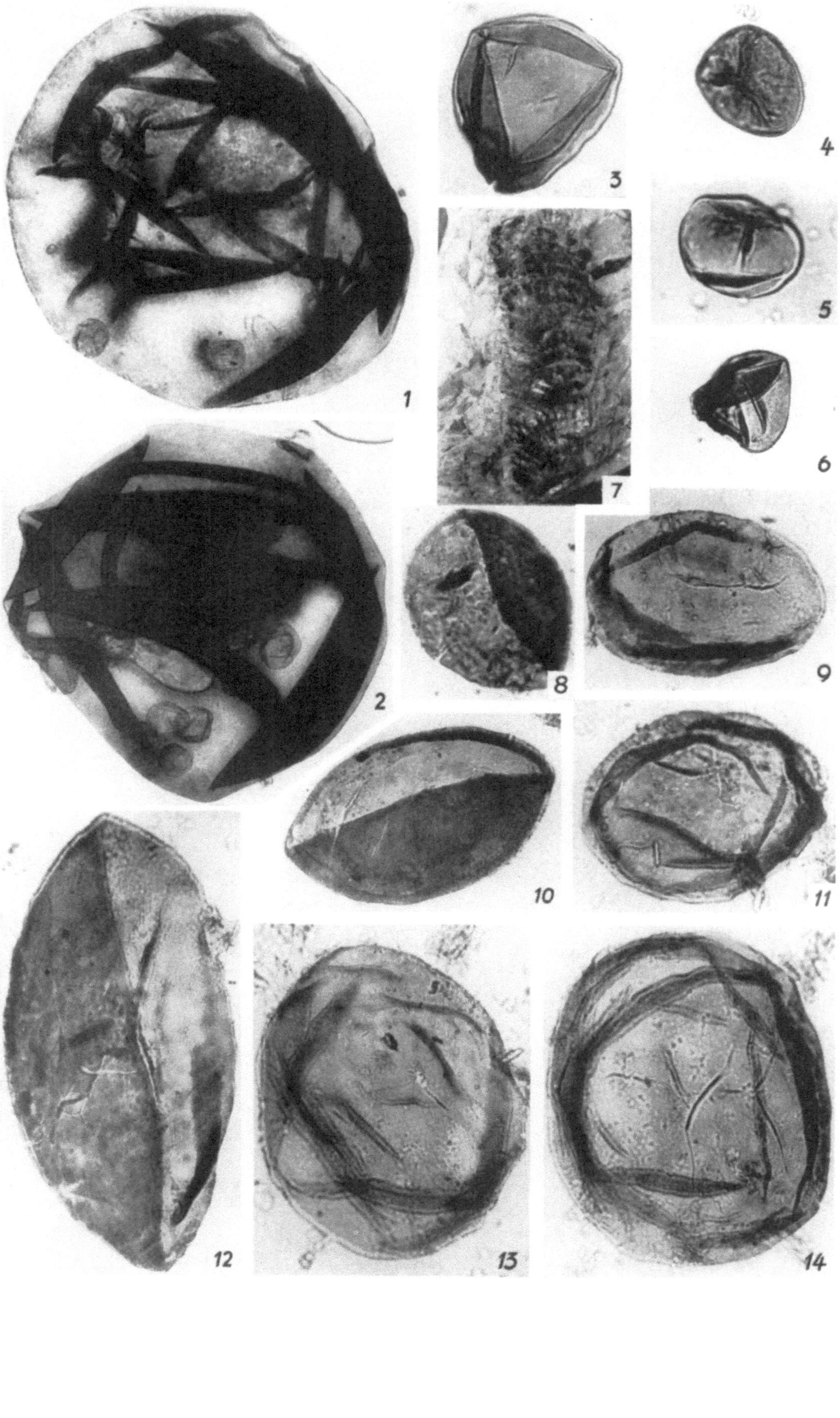

Kolibri 360 GmbH
Ferdinand-Jühlke-Straße 7
99095 Erfurt, Deutschland
produktsicherheit@kolibri360.de